U0387045

“码”上查收

防灾避险小贴士

做自己的安全小卫士

自然灾害有哪些，
你都了解吗？

应急指南

遇到险情，一定要会
的自救知识。

安全百科

多主题教育专栏，
专为小朋友准备。

趣味生动讲解，
教你如何避险。

洪水来了，太可怕了，洪水裹着泥沙、草木席卷而来，它冲倒了房屋、淹没了农田、卷走了很多可爱的小动物，很多人无家可归，有人甚至在洪水中丧生。面对洪水，我们要怎么办呢？光害怕可不行，还要利用科技和科学的方法去防御和应对它！

主编◎陈雪芹　丛唯一　侯岩峰

吉林科学技术出版社

图书在版编目（CIP）数据

洪水 / 陈雪芹，丛唯一，侯岩峰主编 . -- 长春：吉林科学技术出版社，2024. 8. --（红领巾系列自然灾害防灾减灾科普）. -- ISBN 978-7-5744-1744-1

I. P331.1-49

中国国家版本馆 CIP 数据核字第 2024BF3892 号

洪水
HONGSHUI

主　　编 陈雪芹　丛唯一　侯岩峰
副 主 编 杨　影　张玉英　张　苏　曹　晶　曲利娟
出 版 人 宛　霞
策划编辑 王聪会　张　超
责任编辑 穆思蒙
内文设计 上品励合（北京）文化传播有限公司
封面设计 陈保全
幅面尺寸 240 mm × 226 mm
开　　本 12
字　　数 50 千字
印　　张 4
印　　数 1~6000 册
版　　次 2024 年 9 月第 1 版
印　　次 2024 年 9 月第 1 次印刷
出　　版 吉林科学技术出版社
发　　行 吉林科学技术出版社
地　　址 长春市福祉大路 5788 号出版集团 A 座
邮　　编 130118
发行部电话 / 传真 0431-81629529　81629530　81629531
81629532　81629533　81629534
储运部电话 0431-86059116
编辑部电话 0431-81629380
印　　刷 吉林省吉广国际广告股份有限公司
书　　号 ISBN 978-7-5744-1744-1
定　　价 49.90 元

目录

洪水，大家都惧怕的自然灾害

提到洪水，我们都会害怕，因为凶猛的洪水会冲毁我们的家园，农民伯伯辛苦种下的庄稼也会被淹没，洪水甚至还会威胁我们的生命。那么究竟什么是洪水呢？

洪水是由暴雨、急剧融化的冰雪、风暴潮等自然因素引起的江、河、湖、海水量迅速增加的一种自然现象，属于自然灾害。

当凶猛的洪水超过江、河、湖、海的最大水位，就会有大量的洪水溢出来，洪水泛滥就会形成洪灾，威胁我们的生活和生命。

洪水的主要特点是峰高、量大，持续时间长，波及范围广。

洪水是怎么来的

洪水是一种自然灾害，那它又是怎样形成的呢？其实洪水的形成既有气候因素，也和人类不良的社会生产活动有关。

气候因素

从天气和气候的角度来看，洪水通常是由高强度、长时间的降雨，以及温度升高引起的融雪、融冰等造成的。洪水按照成因，可以分为暴雨洪水、山洪、融雪洪水、冰凌洪水、溃坝洪水、海啸风暴潮洪水等。

暴雨洪水

下暴雨时，水量大，水流猛，就容易形成洪水，简称雨洪。在我国，暴雨是最主要的洪水成因。

山洪

在山地丘陵地区，地形坡度大，大量的降雨从山上汇流而下，速度快，形成陡涨陡落的水流，这就是山洪。山洪暴发还常常伴随山体滑坡和泥石流。

融雪洪水

融雪、降雨、水库泄水等引起江河流量增加，水位上涨也可能导致洪水出现。

冰凌洪水

气候转暖，河流封冻的冰块开始融化，这时可能会形成冰坝，冰坝溃决后可能形成洪水。

溃坝洪水

堤坝或其他挡水建筑物突然溃决，发生水体突泄，易形成洪水。

海啸风暴潮洪水

由海啸和风暴潮诱发海水倒灌而出现的洪水为海啸风暴潮洪水。

森林砍伐

人类对森林植物的大量砍伐及破坏，会减弱森林土壤吸收水分的能力，所以洪水来了，被破坏的森林根本起不到阻拦洪水并让其减速的作用。

围湖造田

人口越来越多，需要更多的土地来耕种粮食、瓜果、蔬菜，为了扩大耕地面积，人们开始用土将湖填平、在河道里种庄稼，这样一来湖泊数量减少，影响蓄洪能力，一旦暴雨来临，大量雨水无法顺畅流入江河，就会造成洪水泛滥。

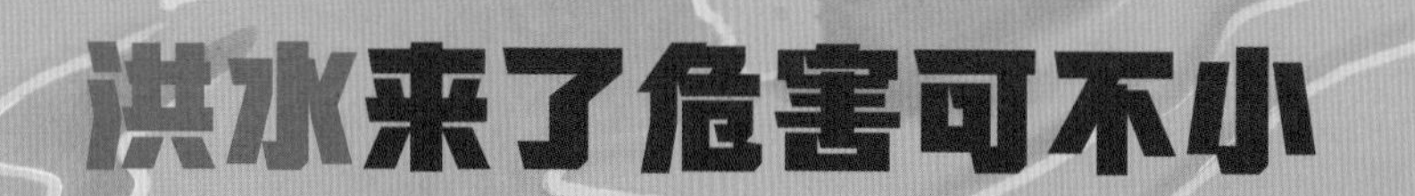

洪水来了危害可不小

洪水是一种自然灾害，湍急的水流速度和力度足以把车辆淹没、房屋冲垮，加上洪水席卷的泥沙、土块又增加了其破坏力，甚至会危害人们的生命安全。

洪水还会间接造成山体滑坡、泥石流等问题。

洪水会毁坏农作物，农民伯伯的收成会大量减少，从而造成一定的经济损失。

洪水的到来，会使大量的动物丧生，大量漂浮物及动物尸体留在水中不仅会污染水源，还会滋生病菌。

洪水破坏工厂、厂房、通信与交通设施，影响经济发展。

防御洪水我们都做了什么

洪水灾害似乎每年都会发生，我们希望它能远离人类，所以想了很多科学的方法来预防它。

科普小课堂：古代对洪水的防治

在我国古代发生过很多次洪水。大禹通过疏通河道来治理水患；战国时期，李冰在都江堰修建水利工程，使用石人观测水位；秦朝则规定各郡县要定期向朝廷报告雨、晴的情况，这都表明了古人想尽了一切办法来预防和治理洪水。

汛期我们是如何观测水位的

每到汛期，江河水位上涨，防汛工作就要全面展开了，水文监测就发挥了重要的作用，工作人员通过在河流设立水文站，来对降雨、蒸发、流量、水位等进行连续检测，以此判断洪水的危险等级。

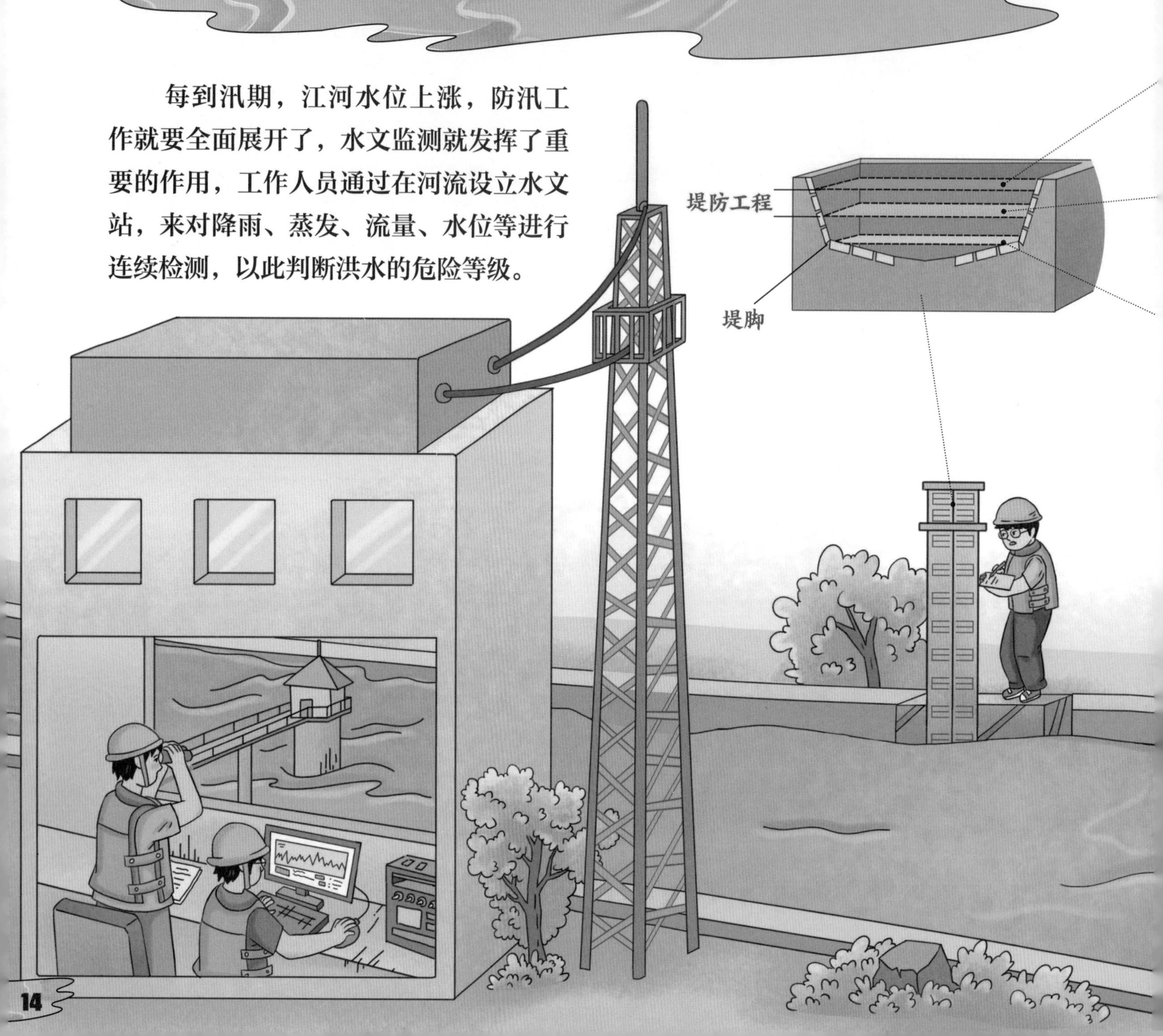

保证水位

当水位达到或接近保证水位时，防汛就进入了全面紧急状态。这时，防汛部门要密切巡查，全力以赴，采取各种必要措施，保护堤防安全。

警戒水位

到达该水位时，防汛工作进入重要时期，防汛部门要加强戒备，密切注意水情、工情、险情的发展变化，做好防洪抢险人力、物力的准备。

设防水位

到达这个水位时说明汛期堤防已经开始进入防汛阶段，即江河洪水漫滩以后，水临近堤脚。此时，工作人员要及时进行巡堤查险，并对汛前准备工作进行检查落实。

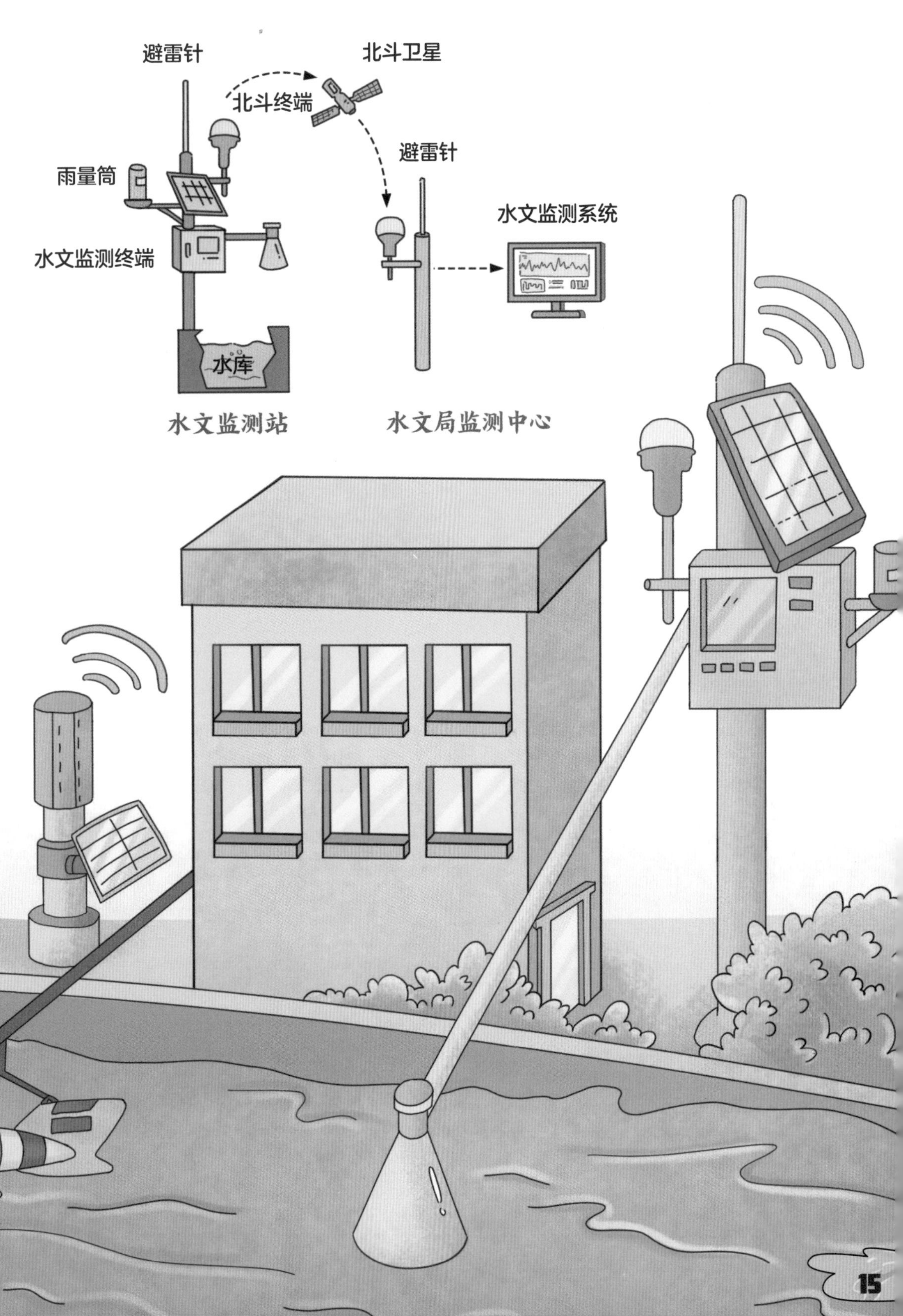

发出预警，洪水要来了

根据检测信息，工作人员会进一步判断洪水发展态势和危害程度，并根据洪水量，最终将洪水分为四个等级：一般、较重、严重、特别严重，分别用蓝、黄、橙、红四个颜色来表示。不同颜色的预警代表着洪水的危险等级。

蓝色预警信号

表示预计水位可能达到或超过警戒水位。
标准：满足下列条件之一。
（1）水位（流量）接近警戒水位（流量）。
（2）洪水要素重现期接近5年。

黄色预警信号

表示预计水位可能接近保证水位。
标准：满足下列条件之一。
（1）水位（流量）达到或超过警戒水位（流量）。
（2）洪水要素重现期达到或超过5年。

橙色预警信号

表示预计水位可能达到或超过保证水位。
标准：满足下列条件之一。
（1）水位（流量）达到或超过保证水位（流量）。
（2）洪水要素重现期达到或超过20年。

红色预警信号

表示预计水位可能达到或超过堤防设计水位/堤顶高程/50年一遇水位。
标准：满足下列条件之一。
（1）水位（流量）达到或超过历史最高水位（最大流量）。
（2）洪水要素重现期达到或超过50年。

山洪暴发前的自然征兆

若出现持续不断的大雨和风暴，生活在山区、低洼地区的人就要注意了，应及早远离山区和低洼地区。因为这些地方很有可能会出现山洪。山洪来临前除了天气预报的预警信号，自然界也会向人们传递一些信号。

如果山中正常的溪流突然断流或者水位猛降，很有可能是上游暴雨导致山体坍塌，阻塞了河道。

动物出现异常的情况，如猪、狗、牛、羊惊恐不安，鼠蛇乱窜。

★常识手册
★应急指南
★安全百科
★情景课堂
扫码领取
当安静的河道内突然传来轰轰的类似火车响声或者闷雷声，就算极其微小，也可判定那是洪水高速下泄发出的巨响。
轰
轰
如果山下原本清澈的溪水突然变得浑浊，水面还有泡沫，这有可能与上游降雨猛增，将泥沙带入水中有关。
平时浅显的溪水，突然水位上涨，很有可能是上游降水量大、雨水汇聚山谷而成，短时间内极有可能形成猛烈山洪。

洪水来临前，我们如何防御

洪水预警一旦发出，就意味着洪水在短时间内会到来，而洪水的破坏性我们不好预估，所以这个时候无论洪水是大是小，是否来到，都要抓紧做一些基础的防御措施，尽可能做到有备无患。

随时关注本地新闻和天气预报，关注洪水预警预报信息，熟悉本地防汛安排。

保持手机、电话的通信畅通，便于接收相关信息和发出求救信号。

随时做好安全转移的准备，选择最佳路线和目的地有序撤离。做好商场、学校、广场、景区等人群密集区人员疏导转移等工作。

做好室内避险准备，提前储备足够的干净水、食物及其他备灾物资，做好停水、停电的准备。

将贵重物品移至安全的地方，将不便携带的贵重物品做防水捆扎后埋入地下或放到高处。

为防止洪水涌入室内，可用沙袋、塑料布和挡水板在门口等处堆砌挡水墙，如有必要，窗台外也需要堆砌挡水墙。

洪水来临前，物资准备有哪些

准备一台无线电收音机，随时收听、了解相关信息。

准备充足的饮用水、保质期长的食品，并捆扎密封，以免发霉变质。

准备手电筒、蜡烛、打火机等物品，同时准备颜色鲜艳的衣物及旗帜、哨子等，用来作为求救工具。

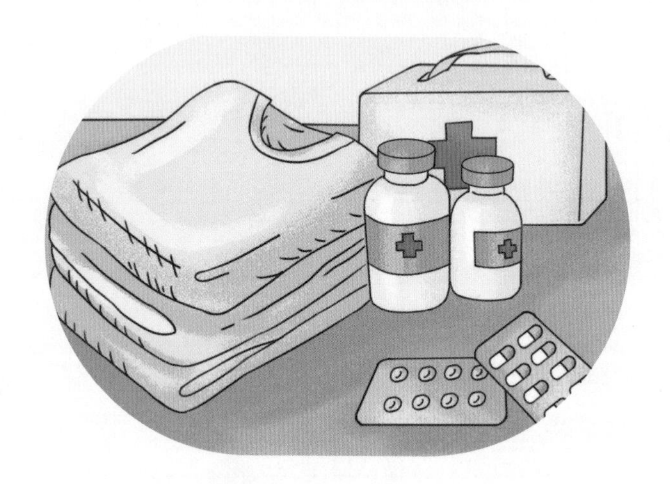

准备保暖的衣物及治疗感冒、痢疾、皮肤感染的药品。

准备雨衣、雨靴、雨伞、救生衣、救生圈，甚至是皮筏艇等可避雨的逃生装备，也可以搜集木盆、木材、大件泡沫、大件塑料等适合漂浮的材料，加工成救生装置，以备急需。

准备充电线、卫生纸、身份证、充电宝等个人物品，装在背包中，以备不时之需。

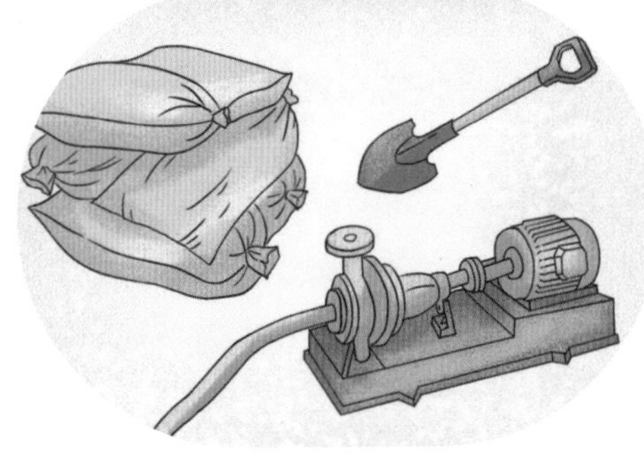

准备好围挡洪水漫入的沙袋、铁锹、排水泵等防洪物资。

将汽车加满油，保证随时可以开动，注意车内准备工具箱、应急锤，以免行车途中遭遇洪水。

洪水来时，哪些地方最危险

洪水来时，我们要注意避开一些不安全地带，以免发生不必要的危险。

危险的建筑物及其周围。

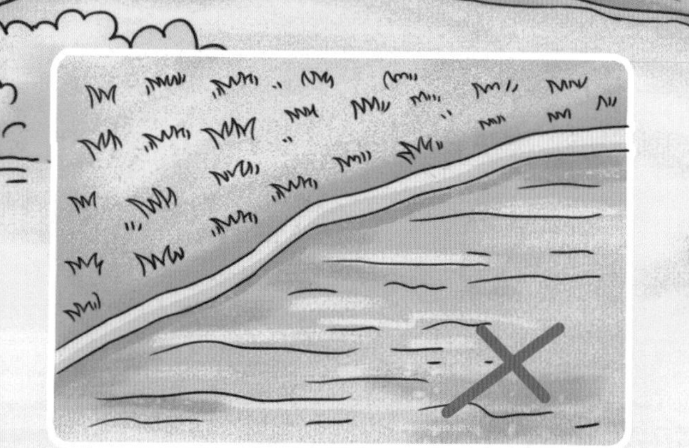

河床、水库及渠道、涵洞。

电线杆及高压线塔周围。

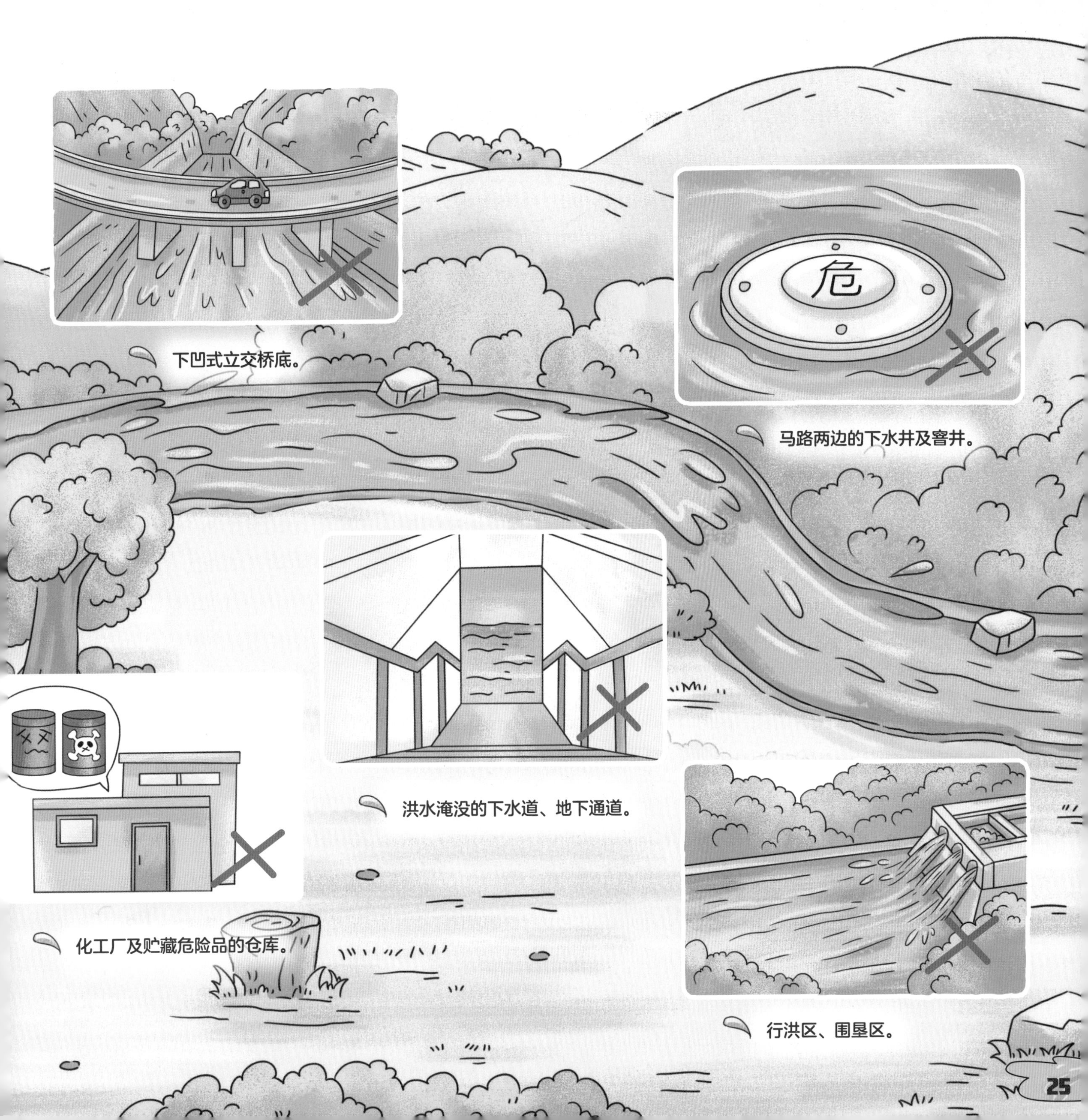
危
下凹式立交桥底。
马路两边的下水井及窖井。
洪水淹没的下水道、地下通道。
化工厂及贮藏危险品的仓库。
行洪区、围垦区。

洪水预警后，要注意夜间洪水情况，如果洪水危急，要尽快与当地政府防汛部门取得联系，报告自己的方位和险情，积极寻求救援。

若洪水来得太快，来不及转移，要立即爬上屋顶、大树、高墙，暂时避险，等待救援，不要独自游泳转移。

如果时间充裕，应迅速就近向高处转移，尽量减少转移时间。在转移过程中，应保持先后顺序和良好秩序，并确保安全。

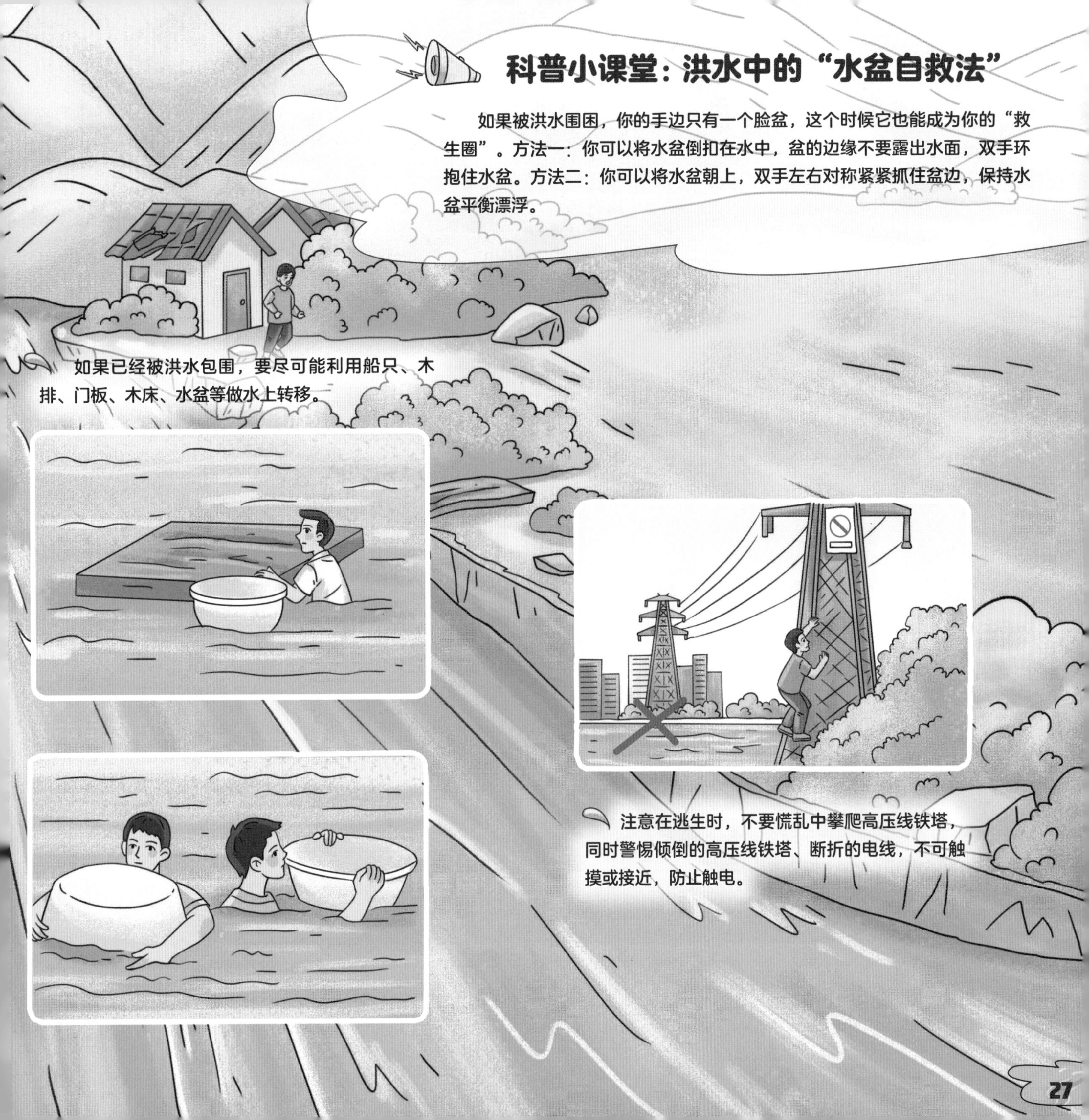
科普小课堂：洪水中的“水盆自救法”
如果被洪水围困，你的手边只有一个脸盆，这个时候它也能成为你的“救生圈”。方法一：你可以将水盆倒扣在水中，盆的边缘不要露出水面，双手环抱住水盆。方法二：你可以将水盆朝上，双手左右对称紧紧抓住盆边，保持水盆平衡漂浮。
如果已经被洪水包围，要尽可能利用船只、木排、门板、木床、水盆等做水上转移。
注意在逃生时，不要慌乱中攀爬高压线铁塔，同时警惕倾倒的高压线铁塔、断折的电线，不可触摸或接近，防止触电。
27

洪水来袭，被冲入水中如何逃生
如果洪水凶猛，你不慎被卷入洪水中，这时，要尽可能抓住固定的或者能漂浮的大块泡沫、门板、枯树干等，寻找机会逃生。
如果汽车行进中，洪水来袭，而车子已经被洪水淹没，人来不及逃离，这个时候要抓住黄金自救时间，找到车内的尖锐物品，将车的侧窗击破，从窗户逃出。
如果在湍急的洪水中无法停下来，注意不要盲目挣扎，要尽可能放松身体，努力保持保护性泳姿：翻过身来背向下，脚朝下游方向，避免身体其他部位撞到岩石，以增加生还的可能性。
如果行车中被卷入洪水，紧急情况下如果车门能够打开，则赶紧打开车门逃出去，如果洪水湍急，则要爬上车顶高声求救。

如果洪水量不大，一个人在浅滩区处于洪水中，要注意双腿呈一前一后的姿势，保持平衡，抵住水流冲击后，再开始横移，转移到安全地带。

如果是多人被困洪水中，独自逃离更加危险，这个时候要团结应对，迅速面向上游排成纵列，身体弱小者排在队尾，大家一起躬身向前，相互抱紧前行。众人排成纵列受到的冲击力会减少，有助于维持身体平稳不被卷入水中，待洪峰消退再走到安全地带。

注意不要并排面向或者背向洪水，这样会增加受力面积，受到的冲击力也会更大。

山洪来临时我们如何逃生避险

在山区，如果连降大雨，很容易诱发山洪。山洪的破坏力很大，常常伴有泥沙、石块、树枝、杂草等，甚至会引发滑坡、崩塌和泥石流等自然灾害。如果我们身处山区，不光要有防御山洪的意识，更要知道正确的避险逃生办法。

注意关注天气预报和山洪暴发的自然征兆，一旦发现异常，要随时做好转移准备。

山洪暴发，逃生时要往左右两边高坡处逃跑，不要顺着山洪流下的方向跑，因为山洪的速度很快，你是跑不过的。

遇到山洪切记安全第一，马上撤离河道，不要贪恋物品，避险要紧。
被山洪围困在山中，应及时想办法与当地政府或相关部门取得联系，寻求救援。
如果连续几天都被降雨和洪水阻拦，一时洪水难以消退，在你十分确定有安全可行的备用路线下，可小心绕过洪水地段。如果不确定，还是建议等待救援，以免遇到危险。
山洪来时，不要盲目游泳或者强行渡河，因为洪水往往流速快且非常浑浊，如果看不清河底状况，渡河的危险性很大，所以优先考虑等待救援。

城市洪涝的预防与应对

大量的洪水席卷而来，超过城市的排水能力时，会让城市出现积水不下的情况，从而造成洪涝灾害。

预防城市洪涝的发生

（1）做好城市发展规划，推进海绵城市建设。
（2）检测降雨情况，及时发布洪水预警。
（3）召开防汛会议，制定应急预案。
（4）指挥交通，及时疏散人和车辆。

城市洪涝我们要怎么应对呢？

关注天气预报，尽量居家不外出。

处于城市低洼地段的居民，在洪水水上涨前要做好随时撤离的准备。

居家时，如果雨水漫入，要及时断电，必要时赶紧撤离，去高楼层和高建筑物处躲避。

蹚水的时候，要时刻警惕带电的广告牌、路灯、高压电线等，以免触电。

洪涝发生后，路上行人要远离地下商场、地下车库、低洼地段，以免洪水量过大发生险情。

行车中注意不要盲目冒险涉水，遇到积水严重地段，要绕道而行，或弃车避险。

行人要注意警惕下水道和有水旋涡的井盖，以免被洪水卷入下水井。

山洪诱发泥石流怎样正确避险

山洪暴发一般水量集中、流速快、冲刷破坏力强，同时会挟带泥沙甚至石块等，形成泥石流。所到之处，掩埋房屋、庄稼、人畜等，摧毁各种设施，给生命财产和经济建设带来极大危害。

在山谷中如果遭遇洪水和泥石流，要果断判断出安全逃生路径，向泥石流前进方向的两侧山坡高处跑，不能顺着泥石流的下游跑，同时观察周围环境。

尽量就近选择树木生长茂密的地带逃生，因为密集的草木更容易阻挡泥石流。

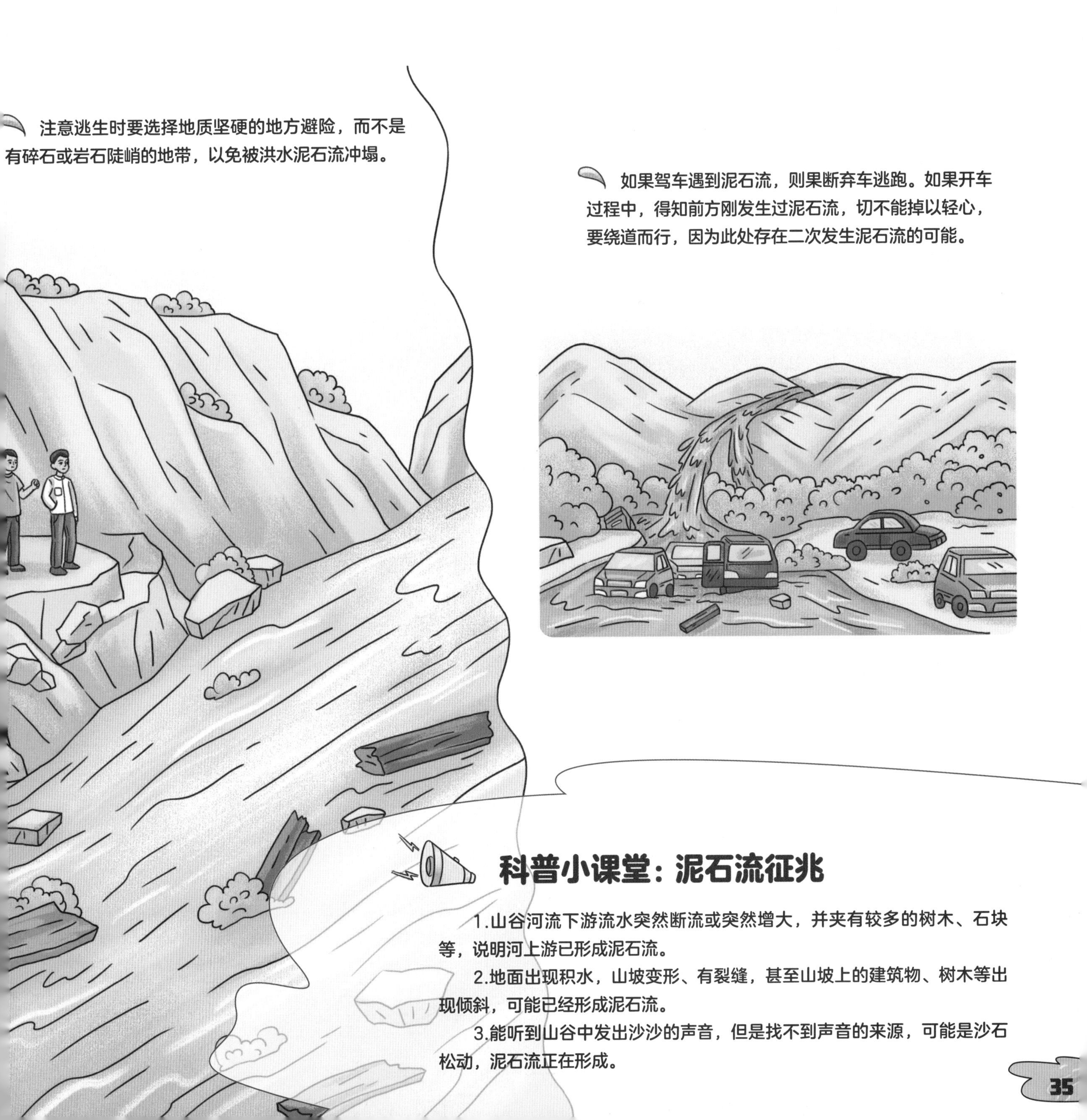

注意逃生时要选择地质坚硬的地方避险，而不是有碎石或岩石陡峭的地带，以免被洪水泥石流冲塌。

如果驾车遇到泥石流，则果断弃车逃跑。如果开车过程中，得知前方刚发生过泥石流，切不能掉以轻心，要绕道而行，因为此处存在二次发生泥石流的可能。

科普小课堂：泥石流征兆

1.山谷河流下游流水突然断流或突然增大，并夹有较多的树木、石块等，说明河上游已形成泥石流。

2.地面出现积水，山坡变形、有裂缝，甚至山坡上的建筑物、树木等出现倾斜，可能已经形成泥石流。

3.能听到山谷中发出沙沙的声音，但是找不到声音的来源，可能是沙石松动，泥石流正在形成。

启用蓄滞洪区，开始泄洪

当洪水量过大，超过水库的汛限水位时，就会出现水漫洪溢，或库坝、堤堰溃塌灾害，一旦水库溃堤，会危及下游安全。为了保障水库大坝安全，避免造成巨大损失，会采取下游泄洪措施。

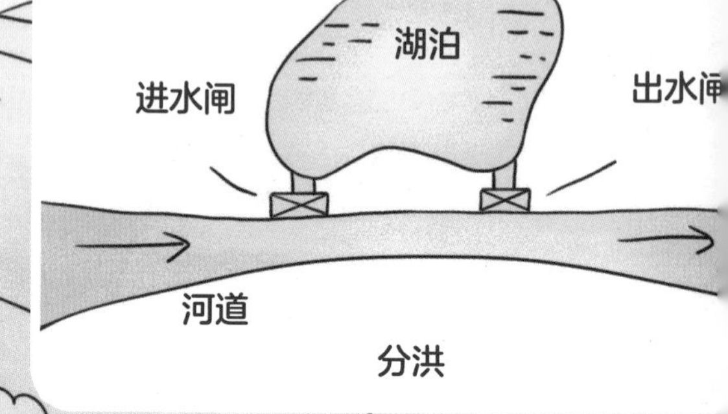

如何泄洪

洪水量过大时，要考虑下游河道的过水能力，保证洪水能畅通下泄。当洪水超过下游堤防的防洪能力时，需要采用不同的泄洪方式，如分洪、蓄洪。

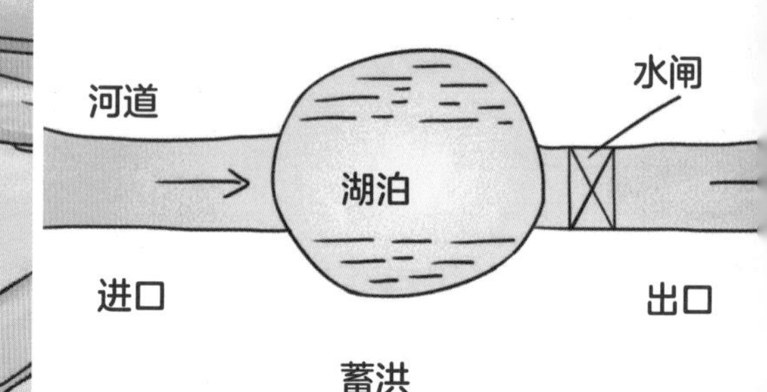

判断是否启用蓄滞洪区

是否要泄洪，启用蓄滞洪区，都有严格的标准，需按照既定的流域或区域防御洪水调度方案实施。当水位、流量或工程情况达到蓄滞洪区启用条件时，按照调度权限由相应防汛抗旱指挥机构下达启动命令，由蓄滞洪区属地政府组织实施。

紧急转移蓄滞洪区的人员

当预报洪水将要达到或者超过蓄滞洪区的启用标准时，地方政府就会发布黄色预警，并开始组织蓄滞洪区内的居民转移、清场，快速将区内居民转移进安全区，确保分洪时没有人被漏掉，蓄滞洪区能够及时、安全、有效运用。

对蓄滞洪区周围进行围拦，加固堤坝。

开启分洪闸

当接到正式分洪指令时，政府会立即发布红色警报，开启分洪闸或者爆破坝口，接下来滚滚洪流涌入下游，直至蓄滞洪区。

蓄滞洪区是指临时贮存洪水的低洼地区或湖泊、荒地等，洪水太大时，就需要启用蓄滞洪区，来分流超额的洪水，最大程度减少灾害损失。

洪水过后，注意个人防护

消毒人员的个人防护

需配备的防护装备包括口罩、一次性使用手套、工作服和绝缘橡胶靴等。

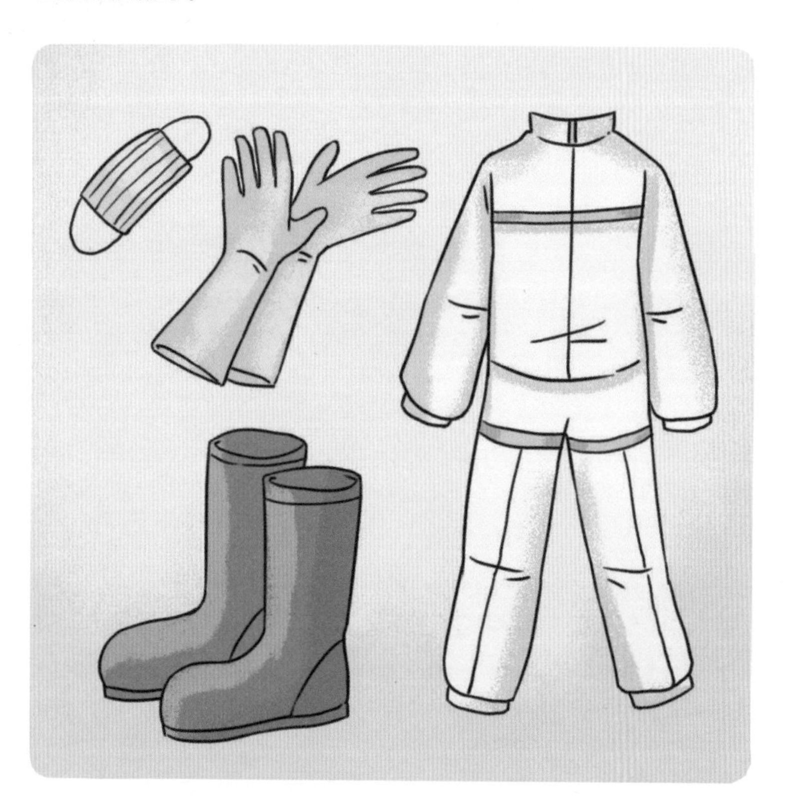

消毒工作完毕后，将所有的消毒工具清洗干净，然后依次脱下工服、帽子、口罩等并折叠好，将工作服外层表面卷在里面，放入专用清洗袋中以备清洗。

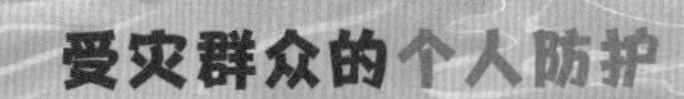

受灾群众的个人防护

洪水退去后，不要到山区、河流、积水地区盲目涉水，谨防二次危险。

做好个人健康监测。如果接触过洪水或被污染的食物等，出现腹泻、呕吐、发热或腹痛等症状，应及时就医。

加强个人卫生，做到饭前、便后、接触垃圾后洗手，洗手需要用肥皂和流动水清洗，并及时擦干，注意不可以用被洪水污染的水洗手、洗脸。

如果不小心受伤，伤口接触到了洪水，应及时寻求医疗救助。

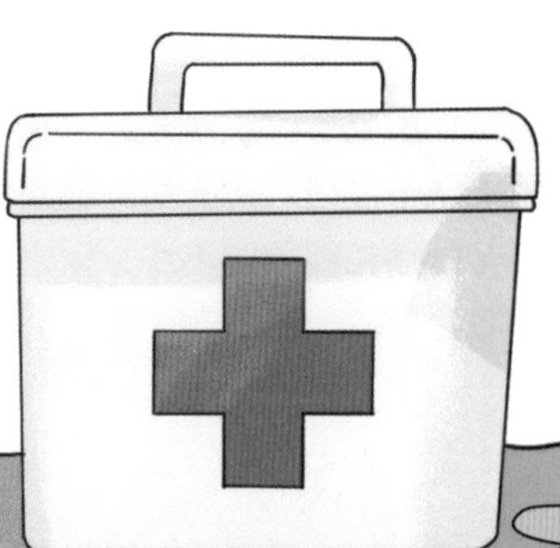

洪水过后，注意用电安全

发生洪水时，我们知道要避免触电危险，但其实洪水过后我们仍要注意用电安全，因为洪水过后配电台区、供电线路长期浸泡于水中，更容易在不注意的情况下引发触电、漏电、短路等危险。

如果房屋被洪水浸泡过，不要盲目进入室内，急于复电，应先切断电源，查看周围是否有掉落和裸露的电线，因为电线等经雨水冲泡会存在一定漏电危险。

对洪水浸泡过的家用电器、电源插座、开关不能马上使用，要敞开门窗晾晒几天，并对屋内用电设施逐一进行仔细检查，看是否存在被水淹或受潮等情况，并请专业人员进行检测维修，再恢复正常使用。

不要用湿手触摸灯头、开关、插头和各种电器。电器通电后发现冒烟、发出烧焦气味或着火时，应立即切断电源后再救火，切不可用水或泡沫灭火器灭火。

不能因为洪水过后，局部地区停电而私拉乱接用电，防止引发触电事故。

洪水过后，积水坑洼地段比较多，在户外行走时，也需注意不要靠近倒塌的电线杆、路灯等有可能漏电的区域，以免触电。

如果有人触电，千万不要盲目去救助，要使用木棍或其他绝缘物体将电源线挑开，使触电者脱离电源后，移到安全地带，立即拨打120通知医生急救。

洪水过后的卫生防疫工作

洪水过后常有大疫，各种细菌和病毒正虎视眈眈，随时可能破坏人类健康，为了尽量阻断灾后病毒传播，消毒和防疫工作不能忽视。

洪水消退后及时清理所处环境。垃圾、粪便、动物尸体集中后可用高温堆肥法处理，对被淹的房屋设备要消毒，清除污泥，室内地面、墙壁、家具要消毒。

灾后要注意饮用水的消毒工作，用漂白粉消毒河水、井水，保护好各种水源，避免受粪便、垃圾的再次污染，这个时候需注意饮用水的安全，不能喝生水，要把水煮开再饮用。

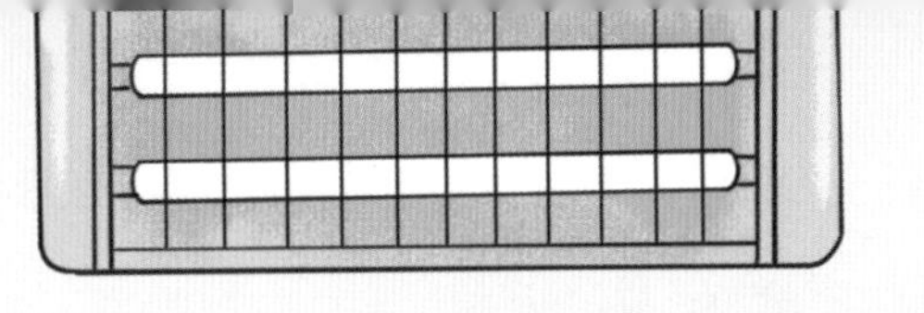

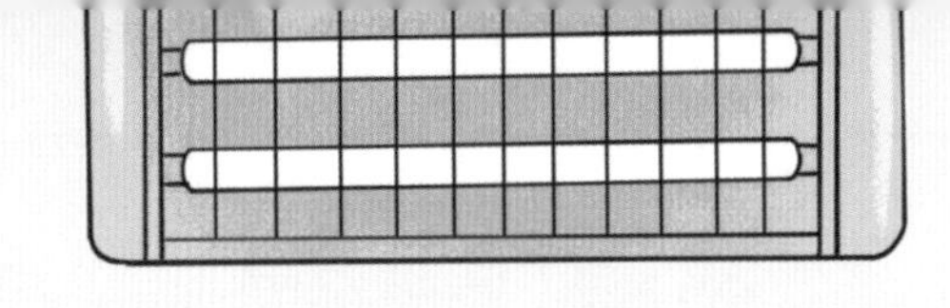

水退后要及时清除环境积水，清理动
尸体，减少老鼠、蚊虫滋生。使用杀虫
灭鼠剂消灭蚊虫和老鼠。

洪水退去，很多食物要么变质、发霉，要么被洪水浸泡，这个时候一定要注意饮食卫生和安全，将变质的食物丢掉，吃新鲜的肉，瓜果要洗净再吃。

提高防疫意识，学点防疫知识，同时密切关注自己和家人的身体健康，如有不适，尽快就医。

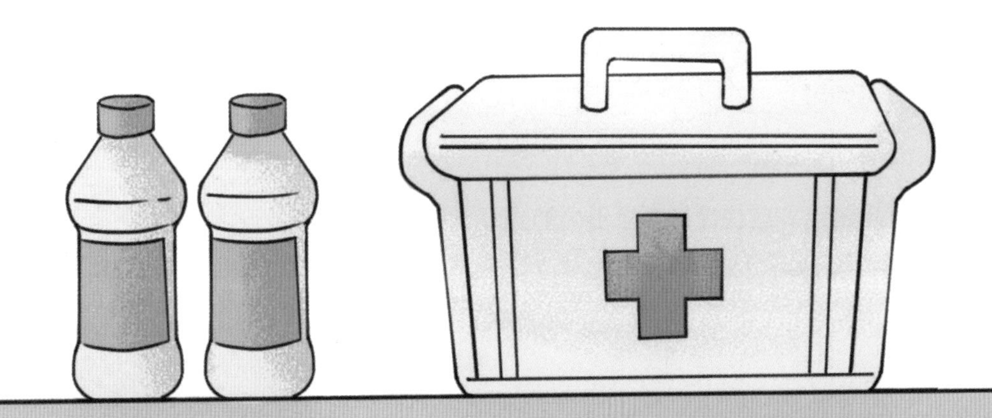

洪水过后，农作物怎么补救

洪水淹没了大量的农田，水中的泥沙也污染了农作物，农民辛苦种下的庄稼该如何补救，减少损失呢?

排出积水后，我们还要洗去农田枝干和叶片上的污泥，并将作物扶正，清除烂叶、坏叶，以免病虫害滋生。

洪水过后，应快速排净农田内的泥沙和积水，清理田间杂物。

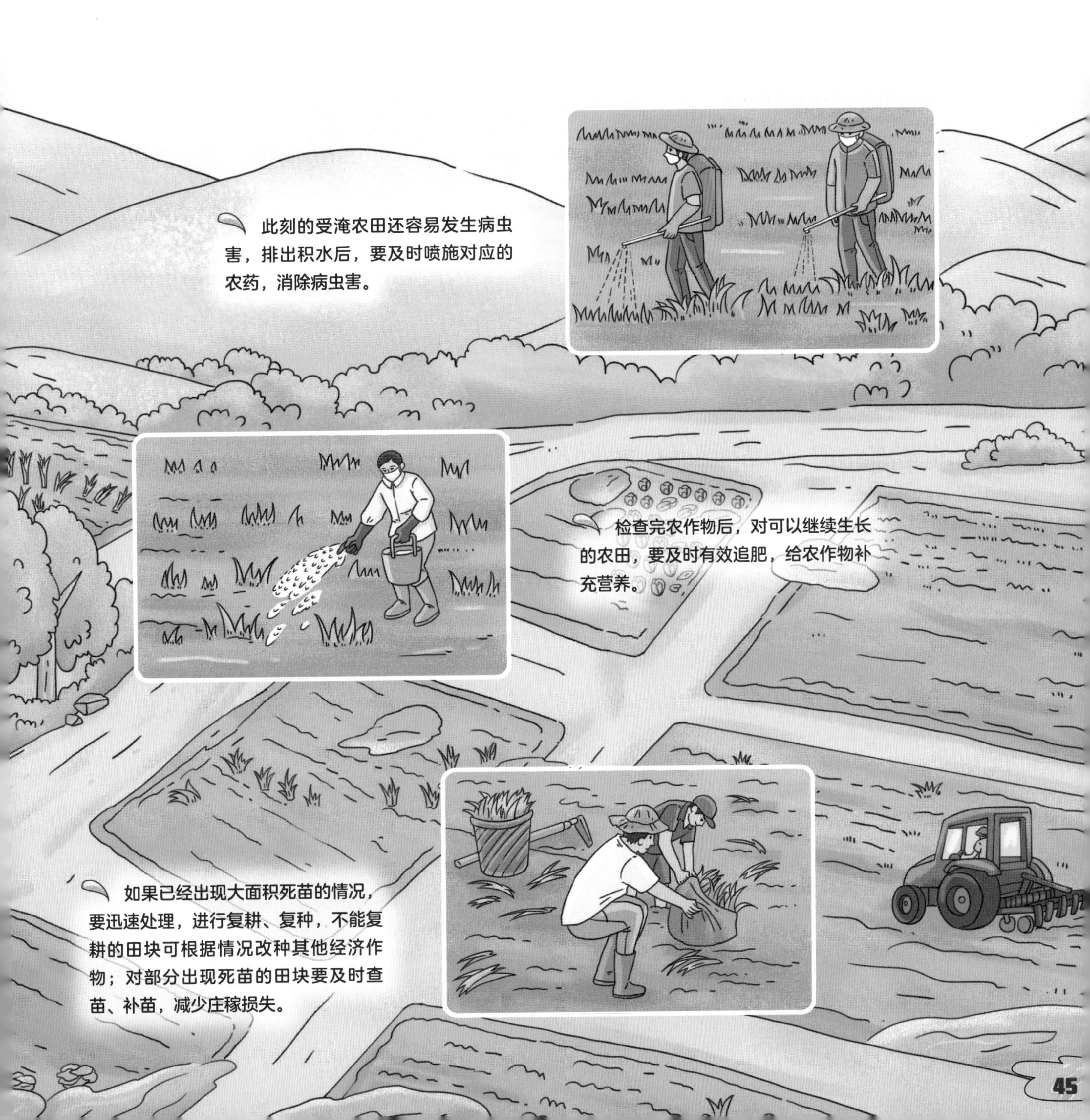
此刻的受淹农田还容易发生病虫害，排出积水后，要及时喷施对应的农药，消除病虫害。
检查完农作物后，对可以继续生长的农田，要及时有效追肥，给农作物补充营养。
如果已经出现大面积死苗的情况，要迅速处理，进行复耕、复种，不能复耕的田块可根据情况改种其他经济作物；对部分出现死苗的田块要及时查苗、补苗，减少庄稼损失。

洪水退去，我们要重建家园
洪水过后，需要第一时间抢修被洪水冲垮的公路，修整路段，恢复通行。
路应急抢险
洪水让我们的住所被冲塌，我们要积极修缮房屋，重建自己的家园。
洪水冲倒了电线杆、冲断了电线，电力人员要紧锣密鼓地抢修电路，恢复供电。
洪水中携带了大量的垃圾、泥沙，洪水退去后，街道、马路上到处都是淤泥、杂物，所以要努力做好淤泥清理工作。

扫码领取
★常识手册 ★安全百科
★应急指南 ★情景课堂
清理、修整被洪水侵袭的仓库、店铺，使其恢复正常状态。
洪水后，原来的河道、桥梁有些会被淤堵、冲毁，这个时候维护河道畅通、拓宽河道、清淤、建桥十分重要。

避险童谣

洪水来了别慌张，沉着冷静是关键。
洪水来袭高处行，土房顶上待不成。
睡床桌子当木筏，大树能拴救命绳。
准备食物手电筒，穿暖衣服渡险情。
洪灾预防靠大家，保护环境我先行。